暴龍媽媽

給

寶貝孩子的可愛食譜

目錄

從來都覺得自己只是茫茫人海中的一個平凡媽媽、師奶仔，第一天開始為孩子做料理的時候，單純只是為了討孩子歡心，壓根沒想到過自己居然能在這個領域找到屬於自己小小的舞台。除了自己那種幾近固執的堅持，更多的是來自孩子的笑容，對我來說那就是無價的回報及成就感來源，驅使著我更加努力。也多虧他天馬行空的想像力，帶給我很多童真可愛的靈感，沒有他這一切也不會開始。

由兒子畫的「吶喊」獲得的靈感！

除此之外，還有先生在背後從無抱怨的支持，以及他必須忍受我在剛開始入門時，需要很多時間的等待（笑）。當然，更是少不了許多網路上的朋友們給予的鼓勵，多謝你們不吝嗇地賦予溫暖！ 很多很多的層面造就了今天的我、蘊育了這本書的誕生。真心謝謝你們所有人！

其實在構思這本書的時候，也考慮過很多的可能性，該不該加大力度去將難度及創意度提升，因為造型料理的世界本來就是天馬行空、無限可能！ 幾經考慮，還是希望可以出版一本淺顯易懂，並且人人都能夠做得到的「入門版」造型料理書，希望大家都能在過程中保持輕鬆愉快的心情，也希望這些料理能夠帶來成就感，加深與孩子之間的親密感，就讓我們一起盡情享受造型料理的快樂吧！

暴龍媽媽
香港

推薦序

談暴龍媽媽。她美麗,但會努力鍛煉,練瑜伽、跑步、踩Roller;她在媽媽blogger界受歡迎,卻堅持真誠分享,不矯柔造作;她從台灣嫁到香港,一度人生路不熟,但努力投入陌生環境,親力親為維繫家庭,同時勇敢追求自身目標,一步一步實現理想。如果你未認識她,你現在知道她多一點點。

再談她和她的兒子及老公。她跟孩子相處有時是兩個小豆丁互相鬥嘴、有時是母親對心肝椗的無微不至、有時是頑童結伴胡鬧…而這女子的多變、貪玩、率真、善良、愛,在她為大叔(她對老公的尊稱)和屁孩(她對兒子的暱稱)炮製的料理之中就表露無遺!(記得她為大叔預備的男人專屬燒味四寶生日蛋糕嗎?)

談到暴龍媽媽的造型料理,新新舊舊的卡通人物、經典電影角色、大自然動植物,全部逃不過她的巧手。最令人會心微笑的,是她的作品充滿童趣之餘,又不乏頑皮搗蛋元素,正所謂「睇嗰個開心、食嗰個開胃、造嗰個滿足」!為家裡飯桌帶來笑聲笑聲,是功德無量啊。慶幸暴龍媽媽不吝嗇,肯出書分享創作靈感及製作心得,簡直值得頒發一個「促進家庭和諧大獎」。

給拿起這本書的你:感謝你!因為你會花時間、花精力,想為家人親手造好看又好吃的料理。

給偶然不小心讀到這本書的你:沒有滿到瀉的愛,媽媽或老婆(或者正在廚房努力中的人)是絕對不會花時間、心思為你搞甚麼造型料理,一碗白飯都可以餵飽你!請珍惜。

Oh!爸媽市場推廣總監
湯嘉玉 Kennes

你必須很努力，
才能看起來毫不費力。

作為暴龍媽的朋友，就知道她有多努力。沒有工人姐姐幫忙，仍然能把家裡整理得井井有條，還能做出那麼多造型超級無敵可愛的料理，現在還要集結成書。小姐，你會唔會太屈機？

每當看到暴龍媽所做的某道料理實在太可愛，我也會轉發給工人姐姐。讓她看著圖，試著做。單憑圖像，成功率還是挺高的。

所以此書不僅為愛烹飪的媽媽而設，唔識煮嘅在職媽也該考慮入手。難嘅可以交托畀工人姐姐，易嘅也可以自己嘗試動手做起來。小朋友見到如此盞鬼的卡通造型料理，必定胃口大開。

知名飲食博客
High Tea Mama

一開始認識暴龍媽媽，單看外表又不覺得她懂得煮飯，只是一個看上去很新潮的媽媽。一路見證著一個她作為全職媽媽的成長，不斷練習及嘗試，從零廚藝到今天成為造型料理的達人。與她談天時，亦感受到她身為媽媽對孩子的各種疼愛，在生活中各方面展現，我也特別欣賞她積極正面的心態，也正是這樣的態度讓她做出造型料理的一片天。

相信暴龍媽媽的這本著作亦都可以幫助很多家長做出令孩子食指大動的料理，可愛的料理可以增加小朋友食慾，甚至乎加深親子感情，希望大家都能有所獲益，也期望暴龍媽媽能繼續帶給我們更多創意料理！

親子餐廳Kidskiss 親子主題餐廳 創辦人
Kenny Ngai

準備篇

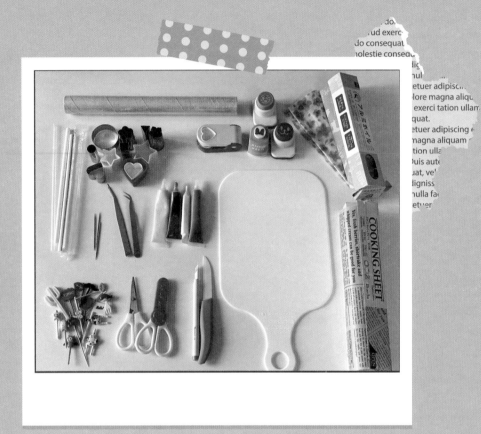

工欲善其事必先利其器，其實有很多工具都可以幫助我們更輕鬆地做出理想的造型，有些小道具更可以讓我們事半功倍，首先就讓我來介紹什麼是必備的工具、工具的功能及如何使用吧！

造型料理的必備工具

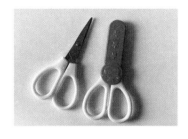

小剪刀

小剪刀可以用來剪裁紫菜、火腿片等食材，剪出各式各樣的形狀，有需要時也可以拿來修剪多餘的食物邊緣，讓料理更完美！

鑷子

鑷子可以輕鬆夾起細小的食材，像是裁剪過的紫菜、火腿、芝麻粒等，並且更精準地擺放到適當的位置，絕對是造型料理必備的工具喔！

雕刻造型刀、小刀

準備一把小刀或是食物專用雕刻造型刀，在切割芝士片、火腿片或是做蔬果雕刻，甚至是做一些細節處理時，可以派上用場。

形狀壓模

可以準備幾個常用的模具，像是圓形、愛心、星星、
花型、動物形狀的模具，可以印壓多士、蔬果、火腿片、
芝士片等，有時亦可以拿來做飯糰模具喔。

溫馨小提醒：
可以到烘培用品店逛逛，有各式各樣形狀的
餅乾壓模可以找到喔！

造型便當簽、水果簽裝飾

並不是常常有時間可以慢慢親自做造型，這個時候我們就可以
「偷懶」一下，使用可愛的便當簽、食物叉讓擺盤更豐富、色彩
更繽紛。有時候加上一些裝飾便當簽、水果簽更有畫龍點睛的效
果喔！例如說做了一個便當，我想要更加色彩繽紛，似可以加一
點「綠色」的元素，我就會選用綠色系的便當簽讓色彩的豐富度
更加完整。

我習慣將便當簽用分隔盒收納起來，
一目瞭然，需要時很方便就可以取出。

紫菜打洞器

打洞器可以更加快速、輕鬆地壓出所需要的紫菜圖案喔！

選購時可以思考一下什麼樣的圖案會比較常用到。以我自己為例，像是人臉表情、動物表情都是我常用，所以購買後的利用率比較高，不然打洞機款式很多，買回家沒有用處也是很佔位置喔！

雖然打洞器很方便，但遇到打洞器沒有自己所需要的圖案時，就需要小剪刀來幫忙啦！

珍奶飲管、細飲管

如果有外賣的珍奶飲管、細飲管別丟！可以利用他們印壓芝士片、火腿片等薄型食材做出圓型，非常方便喔！

除了可以壓出圓形之外，手指輕捏吸管成橢圓形去印壓，更可以印壓出橢圓形的形狀喔！

牙籤

牙籤可以協助做出細微的動作，像是可利用牙籤的尖端沾取茄汁，幫人臉或是動物臉飯糰點上胭脂，或是需要時畫上細微的線條。牙籤也是在切裁芝士片時能派上用場的好工具喔！

保鮮紙（保鮮膜）

利用保鮮紙來捏飯糰，既不會讓飯粒沾手，也可以塑形出扎實、
不易散開的飯糰喔！

烘培用朱古力筆

烘培用朱古力筆有許多顏色可以選擇，絕對是做甜食的
好幫手！ 泡水加熱融化後，可以在麵包、糕點、多士等
甜品上描繪出需要的圖案、表情。

砧板

可以準備一、兩塊砧板是專為造型料理使用，可以在上面剪
紫菜、包飯糰等進行熟食的處理，處理過程中食材不需要到處
亂擺，在正式擺盤之前讓食物有暫時擺放的地方。

烘培紙、便當紙

市面上有很多不同花紋款式的烘培紙、便當紙，可以在
便當盒裡作隔菜作用，還可以包裹三文治、漢堡包等有
醬汁的包類，搭配得宜還可以讓擺盤更加分喔！

依顏色劃分的常用食材

就像為畫作填上顏色一樣，做造型料理時其中最關鍵的一部分就是顏色，線條的相似度加上顏色的契合度，就能做到理想的造型。

做飯糰時可以選擇現成的日式飯糰染色粉拌入飯中，是最方便、快速的方法；或是生活中也有一些食材可添加作為染料，除了染色的效果，還能藉此多添加些營養；另外，其實也有很多食物本身的質地及顏色都很適合，直接加以利用就可以作為造型料理的一部分喔！

以下就依顏色劃分，介紹常用的食材給大家參考。

現成米飯染色粉

市面上可以找到一些現成的拌飯素，加入飯中攪拌均勻，就可以達到染色的效果，有一些還特意添加了營養成份，非常地方便。

除了現成的拌飯素，其實也可以利用不同的食材、食物粉來作為染色劑達到染色的效果喔，以下就依顏色分類了幾種常用的顏色給大家參考，可以依照造型的需要、自身飲食習慣、食材搭配的協調性來選擇適合的食材喔！

灰色/黑色　黑芝麻粉、竹炭粉

左邊是黑芝麻粉，右邊是竹炭粉

直接將黑芝麻粉、竹炭粉加入白飯裡攪拌，依照不同添加份量就可以創造出灰色–黑色的飯糰喔！

甜醬油　咖啡色

倒幾滴甜醬油在微溫飯當中攪拌均勻就可以讓白飯呈現淺咖啡色囉，適合拿來做人臉（膚色較深的臉色）、小熊、小狗等動物。

綠色　西蘭花泥/菠菜泥、蔬菜粉

將水煮熟的西蘭花花蕾用湯匙搗碎，或是菠菜水煮熟打泥，拌入飯中都可以做出營養又好看的綠色蔬菜飯喔！

另外，市面上也能找到一些現成蔬菜粉，直接加入作為染色也是非常方便呢！

蝶豆花粉/蝶豆花　藍色

將蝶豆花泡熱水，用藍色的蝶豆
花汁拌入飯中創造出淺藍色的飯。

紫色　紫椰菜泥/紫薯泥

蒸熟紫薯用叉子壓爛成泥，
加入飯中攪拌，變身好看又好
吃的紫色飯。也可以把紫椰菜
水煮後打爛成蓉，拌入飯中顏
色亦可有染色效果。

黃色　薑黃粉

用薑黃粉直接加入微溫的白飯攪
拌均勻。

但太過量的話，薑黃味會太重，
小朋友未必能接受到喔，所以建
議先少量添加，再根據實際情況
調整加入的量。

橘色　紅蘿蔔泥/南瓜泥/蕃薯泥

右邊是紅蘿蔔泥，左邊是蕃薯
泥，蕃薯泥因為質地關係拌入飯
中可以增加粘性，飯糰會更容易
塑形。

將紅蘿蔔、南瓜或蕃薯蒸熟，
用叉子壓爛成泥，拌入飯中就是
橘色的飯囉！

茄汁　膚色

倒少量茄汁攪拌，可以創造出很
自然的人臉粉膚色，這也是造型
料理常常使用的染色法喔！

除了自行染色飯糰，其實很多食物本身都可以直接用來創造出色彩繽紛的造型料理喔，以下就是一些造型料理時常用的現成食材，味道百搭又實用，可以思考一下如何在造型及味覺上的搭配。

白色
蛋白皮、白色芝士片、
薯仔泥 (馬鈴薯泥)

粉紅色/膚色
火腿片、腸仔

紅色
茄汁(番茄醬)、番茄

黃色
蛋黃皮、黃色芝士片 (起司片)

紫色
紫薯泥、紫椰菜

黑色
紫菜、黑芝麻醬

茶色/咖啡色
腐皮

橘色
紅蘿蔔、蕃薯泥

造型料理小技巧

飯糰怎麼捏

1

2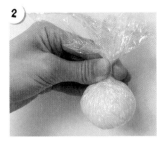

3

將適量的飯鋪在保鮮紙上。

將保鮮紙包起，保鮮紙向上拉緊，並束起捏緊。這時候保鮮紙應該與飯緊密貼合，可以輕鬆塑造出圓形。

打開保鮮紙，圓形飯糰就完成了！

> **TIPS**
> 而圓形飯糰是其它形狀飯糰的基礎，先把圓形飯糰做出來，再塑形做其它形狀也會更容易喔！

愛心腸仔

1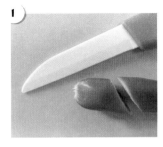

2

將短腸仔水煮後，在中間斜切割分成兩半，其中一半翻面連結另一半，用裝飾簽串起固定就可以囉！

1. 將雞蛋液與玉米澱粉、水攪拌均勻後，用濾網過濾 。

2. 平底鍋開小火，倒少量植物油，用筷子夾住廚房紙將平底鍋中的油抹均勻。

3. 倒入一層蛋液，切記千萬不要太厚，不然很容易會破裂喔，倒入時可以微微轉動平底鍋，讓蛋液均勻分佈在鍋中。

4. 待蛋液開始變硬凝固，熄火，讓蛋皮留在鍋中稍等一陣，等蛋皮降溫，便可以很輕易地用鍋鏟將蛋皮鏟起。

黃色蛋皮材料

- 雞蛋 . . . . 一顆
- 玉米澱粉（粟粉）. . . 1/2茶匙
- 水 . . . . 一茶匙

白色蛋皮材料

s quis d
m dolor
od tincid
minim veni
uip ex ea
m dolor s
nt u
quis
m

- 蛋白 . . . . 兩個
- 玉米澱粉（粟粉）. . . 1/2茶匙
- 水 . . . . 一茶匙

et iusto odio digniss
te feugait nulla fa
t cons ectetuer
do

棋格蘋果雕刻

在便當或擺盤上加入棋格蘋果讓畫面更豐富。

TIPS

蘋果切開後，可以先浸泡在加入鹽的冷水中，可以延緩氧化變黃的速度。

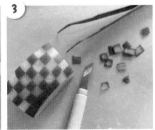

1. 將蘋果洗淨後，選擇比較平整光滑的一面，切成方塊形。

2. 用小刀或雕刻刀畫出交錯的直線、橫線。

3. 然後用小刀的刀尖以間隔的方式挑走蘋果皮。如果有小鑷子，也可以用小鑷子以夾起的方式挑走蘋果皮，也很方便。

4. 多做幾次很快就上手了，一開始可以先做比較大格的棋格，等到熟練以後，可以挑戰更多、更密集的棋格喔！

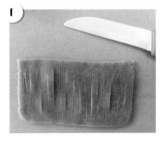

1 將火腿裁成適當的尺寸後，用小刀以直切的方式劃出一刀刀的平行間隔，但要小心兩端不要切斷。

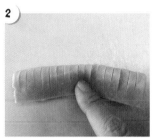

2 切好以後對折火腿片。

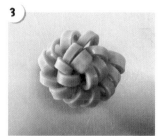

3 捲起。

4 用牙籤、一小段意粉或是裝飾籤固定就可以囉！

同樣的作法也可以拿來做蛋皮花
為料理點綴出更加精緻的造型喔！

鋸齒奇異果花

就算沒有鋸齒型切割刀，自己也可以做出好看的奇異果花！

  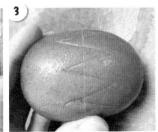 

1. 洗淨奇異果後，用水果刀在中間輕劃上一圈中線。

2. 然後在線上打斜切入奇異果中，切出一刀刀距離相等的斜線，圍繞一整圈。

3. 然後以另一個方向切入，剛好可以將線條連線。

4. 切完以後打開，就完成了！

TIPS
同樣的方法也可以應用在其它
無大核的水果上喔！
（像是火龍果、提子、橙等）

牛油果玫瑰花

1. 牛油果一分為二切開，去皮去核後，切薄片，薄片越薄越好。

2. 將牛油果切片慢慢地斜推成一個長條。

3. 慢慢地向一邊捲起就可以囉！

TIPS
同樣的方法也可以用奇異果、
芒果來製作喔！

刻紋紅蘿蔔花

1 用花型模印壓紅蘿蔔切片，印出花型。

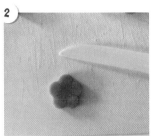

2 在花瓣的各個凹點向中心點輕輕直切出一條條的直線（小心不要切斷紅蘿蔔喔）。

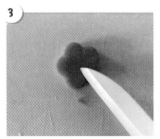

3 刀尖對中心點，以斜切的方式向直線切，與直線交集時切出一小塊多餘的紅蘿蔔。

4 每條直線都斜切後，就完成啦！

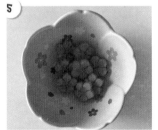

5

不同形狀的花型都可以運用這個方式，切出充滿立體感的裝飾紅蘿蔔花喔！最後還可以加上黑芝麻、白芝麻作為花蕊讓花的精緻度更加提升。

愛心鵪鶉蛋

水煮鵪鶉蛋後，趁著還有微溫去殼後，蛋的尖端朝下，用兩個手指按壓兩邊，用一根牙籤在頂部往下壓，稍等一分鐘左右或直至固定成型。

等定型以後切開，可愛的愛心蛋完成了！

TIPS

雞蛋和鵪鶉蛋在水煮後，還有微溫時都是很容易塑形的，
可以趁著這個時候進行塑形，例如說可以
用手掌握壓使其變成圓形，
圓形的雞蛋或鵪鶉蛋都很實用，
可以用來作人臉、動物頭等立體球型。

乾意粉（乾義大利麵）

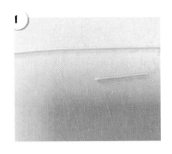

做造型料理有時會需要使用牙籤、竹籤做固定或是串連，擔心小朋友誤食或是安全顧慮，可以利用乾燥的意粉折成小段替代喔。

TIPS

乾燥的意粉在吸收水份後會慢慢變軟，
直接食用是沒有問題的。
如果不習慣的話，可以預先將一些意粉油
炸至酥脆，放入密封盒放入雪櫃封存，
有需要的時候拿出來使用。

沙律醬/蛋黃醬/煉奶醬黏貼

沙律醬/蛋黃醬是很實用的「膠水」喔，可以幫忙黏貼紫菜、芝麻、麵包、炸物等乾性食物，因為是白色，所以擦上去不容易曝露出來；而基本上，少量沙律醬/蛋黃醬與大多數鹹食相搭配都不太有違和感，所以是個很重要的造型料理小法寶喔。

> ⌁⌁⌁ TIPS ⌁⌁⌁
> 而製作甜食時，則可以考慮使用煉奶醬來做黏著劑。

紫菜

紫菜容易剪裁的秘訣在於酥脆度，所以紫菜一定要保持乾燥，剪裁時保持雙手乾燥、工具乾燥都是很重要的喔！ 紫菜開封過後，我會將它放到密實袋中，連同食物乾燥劑（通常紫菜包裝裡會附）密封好，才放到雪櫃裡面保存，除了可以保持新鮮度外，也能保證紫菜不遇潮變軟。

Hi

這個雞塊人的五官就是用紫菜沾取少許沙律醬黏上去的喔！

視覺效果及顏色的搭配

日本人認為黃、綠、紅、白、咖啡等5個顏色的食材能夠代表營養均衡，一餐中的食物若能夠同時擁有這些顏色便能夠達到營養價值，這也是很多日本媽媽做便當時的準則，這樣的觀念不單是在營養上，更能豐富視覺效果。

做給孩子的料理如果能在顏色搭配上下功夫，也更加能促進小朋友食慾喔！白色或是咖啡色基本上就是主餐/主食的顏色，像是白飯、麵食、麵包、肉類。所以在做料理時，可以想一想如何利用紅色/橙色、黃色、綠色色系的食材讓整體視覺更加分。

即使沒有很厲害的造型，這幾個顏色都齊全了，看起來就是賞心悅目令人食指大動的料理。

收尾很重要，擦掉多餘的部分，保持乾淨也
是讓整體視覺效果加分的一個重要秘訣！

不慌不忙，提前構思好想要表現出來的畫面、擺盤方式，
然後提前先把需要的食材、工具準備好，製作過程中按照
自己預先想好的方向去做，就不會手忙腳亂囉！

腦海中有畫面，我就會大致畫出來，
整理一下排列方式，所需的材料也會
一目瞭然。

保持心情輕鬆愉快，
Let's get started!

我覺得做造型料理就像做小手工一樣，除了討孩子歡心，也能令自己感到療癒，這應該是一件開心、幸福的事。所以，剛開始千萬不要太有壓力、太追求完美，保持輕鬆愉快的心情去做、去體驗，絕對可以在一次次的經驗中成長、學習，你一定會更棒更好！

更重要的是...我發現啊，當太追求完美的時候只是自己「想太多」，孩子啊，根本看不出來太多的分別，有一點造形、稍微變一點花樣，他們已經很開心、很驚嘆了，你就是孩子心目中的魔法師！

所以，快樂地享受這個過程，我們開始吧！

早餐篇

早安向日葵多士（吐司）

難易程度　　　所需時間　　　適合親子一起
　　　　　　　　　　　　　　　　動手做

15 MIN

食物材料

- 多士(吐司).....1塊
- 栗米(玉米粒)...適量
- 腸仔..........1條
- 翡翠豆苗.......適量

Good Morning!

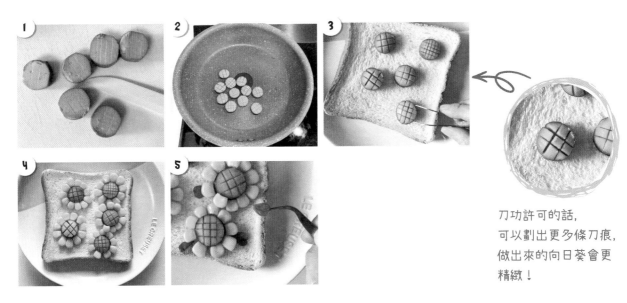

刀功許可的話，
可以劃出更多條刀痕，
做出來的向日葵會更
精緻！

1.　將腸仔橫切成圓片狀，用小刀在腸仔上輕劃直橫各兩刀的九宮格刀痕。

2.　以小火煎腸仔至刀痕顯現。

3.　放置烤好的多士上，排列整齊。

4.　加上玉米粒作為花瓣。

5.　最後以翡翠豆苗點綴作為花葉。

～～～～ TIPS ～～～～

*怕油膩的朋友，也可以選擇放入
滾水中加熱腸仔，都可以達到刀
痕顯現的效果喔！

*在裝飾多士前可以先擦一層
沙律醬，口感會比較好，食材也會
比較容易固定。

蓋被甜睡小熊多士

難易程度　　所需時間

20 MIN

食物材料

- 水煮蛋.......1顆
- 多士(吐司)...1塊
- 火腿片.......1塊
- 芝士片(起司片)...1片
- 甜醬油.......2大湯匙

- 紫菜.......適量
- 茄汁.......少許

輔具工具

- 圓形壓模
- 星星壓模/愛心壓模
  （或自選其他喜歡的圖案壓模）
- 小剪刀（或紫菜打洞機）
- 珍奶吸管

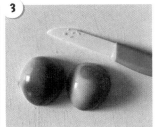

Cooking time

1. 水煮雞蛋去殼，趁雞蛋還有微溫，用手輕握雞蛋兩端，靜待3分鐘，使其固定成圓型。

2. 甜醬油兩大湯匙，加入熱水攪拌均勻，再把雞蛋放入浸泡10分鐘，使其染色。

3. 染色後的雞蛋切半，一半備用作為小熊頭。

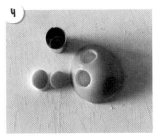

4. 用圓型壓模印壓雞蛋，壓出兩個圓型，作為小熊耳朵。

5. 用珍奶吸管印壓雞蛋，壓出兩個圓型作為小熊的手。(我這裡用的是鋼質的環保吸管)。

6. 用星型、愛心型模具分別印壓芝士片、火腿片。

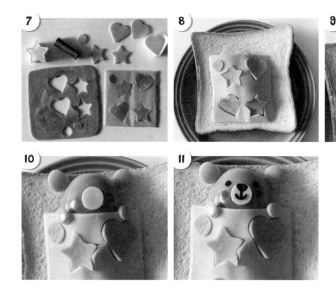

7. 將火腿片壓出的圖案放入芝士片中。

8. 完成的被子蓋在多士上（可以將剛剛壓剩的雞蛋、芝士片放上多士上營造被子鼓鼓的起伏感）

9. 放上小熊的頭、耳朵、雙手。

10. 用圓型壓模印壓芝士片，放到小熊臉上。

11. 用小剪刀（或是表情打洞機）剪出小熊的五官放到小熊臉上，沾少許茄汁點在小熊雙頰，完成！

Z..Z...Z...

 TIPS

*相反地，也可以用火腿片當被子的底，
把芝士片印壓出來的圖案放入
火腿片的空洞中。

手抓餅螃蟹

難易程度

30 MIN
所需時間

適合親子一起
動手做

輔具工具

- 小剪刀
- 小刀

食物材料

- 法蘭克福腸(長腸仔)......2條
- 手抓餅...................1塊
  (台式蔥抓餅/印度煎餅都可以)
- 鵪鶉蛋..................1顆
- 紫菜....................適量
- 芝士片/ 水牛芝士碎......適量
  (mozzarella cheese)
- 茄汁....................適量
- 沙律醬..................適量
- 乾意粉..................1條

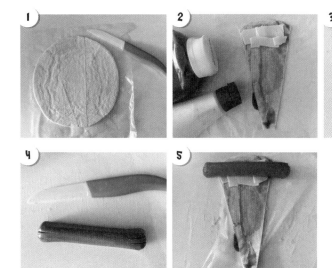

1. 手抓餅冷凍櫃取出後稍微退冰，如圖所示切割出長型三角型。

2. 擦上薄薄一層茄汁，放上適量芝士。

3. 腸仔切下兩端，分別劃一刀，作為螃蟹鉗。

4. 在另一條腸仔的兩端分別劃出兩刀。

5. 腸仔放在手抓餅最寬處，捲起。

✿✿✿✿ TIPS ✿✿✿✿

* 每個人家的焗爐火力不同，
時間&溫度都可以自行調整。

*也可以使用氣炸鍋製作，
如果使用氣炸鍋，請留意火力過剩
導致燒焦的問題，
可以用錫紙覆蓋以防烤焦。

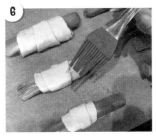   

6. 在表面刷上少許油，放入烤箱，190度，先烤15分鐘。

7. 將螃蟹鉗放入烤箱，一起繼續烤5分鐘。

8. 先將水煮熟的鵪鶉蛋切半，意粉折斷成適合的長度，
   分別插入鵪鶉蛋及螃蟹鉗中，用意粉連結螃蟹身體。

9. 用小剪刀（也可以用表情打洞機）將紫菜剪出眼睛、
   嘴巴，利用少許茄汁貼黏好，再用牙籤沾取少許茄汁
   在螃蟹的臉頰點出胭脂，完成！

做螃蟹鉗的腸仔會剩下中間一段，
我將它的兩邊劃上三刀，
用剩下的手抓餅以類似的方法，
做出小隻的螃蟹！

可以利用焗烤手抓餅
腸仔的等待時間來
水煮鵪鶉蛋。

奶油乳酪油畫吐司

難易程度   20 MIN   適合親子一起
          所需時間   動手做

食物材料

- 多士(吐司)........1塊
- 忌廉芝士..........適量
  (cream cheese)
- 草莓果醬..........適量
- 朱古力醬..........適量
- 藍莓果醬..........適量
- 桃醬（橙醬）.....適量
- 煉奶..............適量

輔具工具

- 小湯匙數隻

1. 將忌廉芝士與果醬混合，份量大約是一大湯匙的忌廉芝士混入一小湯匙的果醬，可依實際情況及個人對顏色深淺的要求而調整，攪拌均勻。

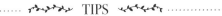

粉紅	粉藍	淺黃	白色 （原色）
草莓醬+忌廉芝士	藍莓醬+忌廉芝士	桃醬+忌廉芝	煉奶+忌廉芝芝士

2. 將多士烘烤到酥脆。

3. 用小湯匙的背面沾取調配好的醬料，塗抹在多士上，以間隔顏色的方式塗抹。

--- TIPS ---

*另外也可以用一些天然食物粉調配出其他顏色喔–

綠色	紫色	黑色
抹茶粉+忌廉芝士	紫薯粉+忌廉芝士	竹炭粉+忌廉芝士

*多士一定要先烘烤過到酥脆，
抹醬的時候才會容易塗抹！

以上是最基礎的調顏色及畫法，大家可以依自己喜好，利用牙籤、抹刀、烘培描繪筆等小工具，用不同顏色創造自己的畫作喔，小朋友也可以一起參與「畫畫」的過程喔！

小蝸牛捲餅

難易程度

30 MIN

所需時間

輔具工具

· 小剪刀
　（表情打洞機）
· 保鮮紙

食物材料

· 薯仔泥............半碗
· 手抓餅/蔥油餅.....1塊
· 芝士片(起司片)....1片
· 火腿片............1 片
· 乾意粉............1條
· 紫菜..............適量

1. 將薯仔削皮、切塊，蒸煮20分鐘。薯仔蒸軟熟後，用湯匙壓爛成泥備用。

2. 平底鍋中小火加入少量油，放入手抓餅煎至全熟

3. 轉小火，加入芝士片、火腿片。

4. 芝士片融化後，用筷子輔助，將捲餅捲起。

5. 將捲餅直切成塊，上碟。

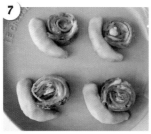
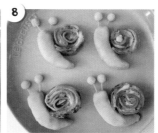

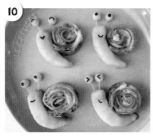

6. 取適量薯仔泥放在保鮮紙上，握實包緊，塑形為蝸牛身體及兩顆眼睛。

7. 將身體上碟與捲餅擺放好。

8. 意粉折成合適的長度，插入身體中，連結眼睛。

9. 用小剪刀(或用表情打洞機) 剪出眼睛、嘴巴，

10. 將紫菜貼在蝸牛上，完成了！

cute!

~~~~ TIPS ~~~~

*芝士片也可以用焗烤用的
水牛芝士碎（Mozzarella）替代。

*融化的芝士可以幫助黏合捲餅，
所以擺放芝士時可以沿著捲餅
會結合的地方，
捲起時就可以起到黏合的效果，
捲餅比較不容易散開！

最後也可以用牙籤沾
取少許茄汁幫小蝸
牛點上胭脂。

44

餐包漢堡小熊

難易程度　　　所需時間　　　適合親子一起
　　　　　　　20 MIN　　　　　動手做

食物材料

- 圓型小餐包........一個
- 芝士片(起司片).....一片
- 腸仔(熱狗腸).......一條
- 生菜..............適量
- 茄汁..............適量
- 紫菜..............適量

輔具工具

- 圓形壓模
- 小剪刀
- 牙籤

1. 水煮腸仔後，切片備用。預留兩片腸仔切片作為小熊的耳朵，剩下的腸仔可以作為漢堡的夾料。

2. 餐包橫切，打開。

3. 擦上茄汁，加入生菜、芝士片、腸仔。

4. 用圓形壓模壓芝士片，貼在麵包中間做為小熊的嘴巴。

TIPS

*小熊五官的紫菜剪裁，也可以使用紫菜打洞機來幫忙。

*醬汁可以依個人喜好，加入沙律醬或是其它喜歡的醬汁。

Cooking time

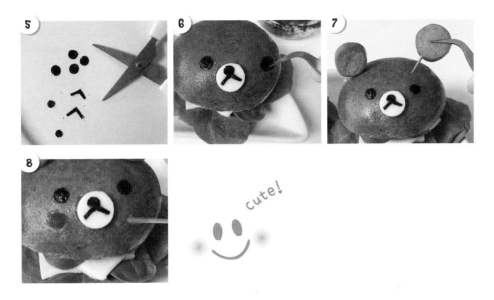

cute!

5. 小剪刀剪紫菜剪出小熊的五官。

6. 紫菜沾取少許茄汁,貼黏在漢堡上。

7. 牙籤修剪適當的長度,一邊插入腸仔片,另一邊插入漢堡裡做成小熊耳朵,兩邊都加上耳朵。

8. 用牙籤沾取一點茄汁幫小熊點上胭脂就完成了!

⚠️ 幼兒食用時請小心牙籤!擔心幼兒誤食或是危險的話,牙籤固定的部分可以使用未煮的乾燥意粉(義大利麵)代替

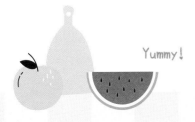

Yummy!

元氣滿滿貓咪多士（吐司）

難易程度

20 MIN

所需時間

適合親子一起
動手做

食物材料

- 多士(吐司).....1塊
- 黑芝麻醬.......適量
- 花生醬........適量
- 朱古力筆.......適量

輔具工具

- 食物塑膠袋
- 橡皮筋

1. 將多士放入塑膠袋內,隔著塑膠袋,用手順著兩個邊角向下捏出耳朵的形狀。

2. 綁上橡皮筋,靜置10分鐘。

3. 取出多士,此時耳朵應該已經成型,依個人喜好加熱至適合的程度。

4. 在臉部擦上芝麻醬、花生醬(可依個人喜好自行創作花紋)

5. 用朱古力筆畫上貓咪的眼睛等五官就完成囉!

如果使用的是烘培用的朱古力筆,記得預先浸泡入熱水中至軟身才使用得到喔!

　　　　　TIPS

*多士加熱可以幫助形狀更加固定,並且讓塗抹醬料更容易。

迷你蛋漢堡

難易程度　　　所需時間　　　適合親子一起
　　　　　　　20 MIN　　　　　動手做

食物材料

- 水煮蛋..........2顆
- 翠玉瓜..........適量
- 中型蕃茄........適量
- 漢堡肉片........1塊
- 芝士片(起司片)...1片
- 生菜............適量
- 茄汁............適量
- 沙律醬..........適量

輔具工具

- 圓型模具
- 便當籤/水果籤/牙籤

   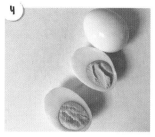

1. 將翠玉瓜、蕃茄切片。

2. 芝士片一開四,切成四小塊備用。

3. 生菜洗淨後,手撕成適當的大小。

4. 水煮雞蛋後切半備用。

 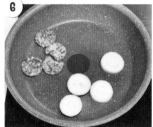 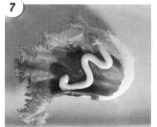 

5. 用圓型模具印壓漢堡肉片,印出一塊塊的圓型。

6. 平底鍋下小量的油,中小火煎熟漢堡肉;同時間將翠玉瓜切片,加入少許鹽,一同煎熟。

7. 將生菜放在雞蛋上墊底,擠上少量茄汁、沙律醬

8. 再依次加上漢堡肉、起司片、蕃茄、翠玉瓜,最後蓋上另一半加蛋,插入裝飾便當簽,完成!

～～～～ TIPS ～～～～
*翠玉瓜如果不喜歡油煎,
可以選擇在煮水煮蛋時,
待水滾後一併加入翠玉瓜,
用水煮方式煮熟!

特色造型 & 可愛便當篇

五角星芝心披薩

 難易程度

1 HOUR 30 MIN 所需時間

 適合親子一起
動手做

披薩麵團

- 高筋麵粉........140g
- 低筋麵粉........100g
- 溫水............140ml
- 糖..............6g
- 速發酵母粉.......5g
- 橄欖油..........一大匙
- 鹽..............3g

材料

- 三色椒
- 玉米粒
- 蘑菇
- 紫洋蔥
- 腸仔
- 水牛芝士碎 (Mozzarella)
- 披薩番茄醬/意粉番茄醬

輔助工具

- 桿麵棍
- 保鮮紙

1. 將所有麵糰材料倒入容器中(預留一些橄欖油,最後塗在麵團外),
   用手或攪拌機揉捏,揉到沒有餘粉不黏手的麵團。

2. 將麵團外頭抹上橄欖油,放置容器內,以保鮮紙輕輕覆蓋後,
   室溫靜置發酵約40分鐘。

3. 40分鐘後,麵團約會膨脹為原來的一倍大,用手按壓如果沒有回
   彈表示發酵完成!

4. 等待麵團同時,可以將披薩餡料準備好,切丁或切粒。

5. 將麵團分成2~3份,將麵糰桿成約20–22公分大小的圓形。

6. 將餅皮移到鋪好錫紙的烤盤上,在圓形邊緣平均割開5刀。

星星收口時，一定要
捏緊喔，不然焗烤的
過程很容易爆開喔！

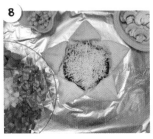 

7. 在每份中間加入芝士碎，收口捏緊。

8. 在餅皮上用叉子戳出小洞，擦上番茄醬，撒上芝士碎。

9. 放上餡料，焗爐預熱220度，烤12分鐘就可以享用囉！

每個人家的焗爐火力都會
略有不同，時間&溫度都可
以自行調整。

TIPS

*此配方是美式披薩的配方，做出來會比較厚
實有嚼勁，而披薩皮的厚薄度可依個人
喜好來桿噢!

*有時做造型料理有些切剩的火腿，
不要浪費了，推薦可以切條留下，
拿來炒飯喔！

*做好的披薩皮可以放冷凍櫃保存，
需要時拿出來稍微回溫，加上喜歡的配料再
焗烤便可以了！

公主裙茄汁蝦仁蛋包飯

難易程度　　　**40** MIN　所需時間

材料

- 洋蔥..............1/4顆
- 雞蛋..............一顆
- 茄汁..............適量
- 蝦仁..............1/2碗
- 玉米粒..........2大湯匙
- 紅蘿蔔..........1/4條
- 鹽................適量
- 胡椒..............適量
- 隔夜白飯........2碗
- 植物油..........適量

蛋液

- 雞蛋 2顆
- 牛奶 1湯匙
- 蛋黃沙律醬
  (Mayonnaise)....少許

輔助工具

- 牙籤　　　· 公主圖案紙牌

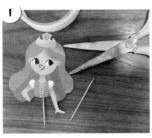 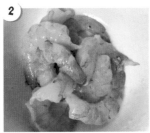  

1. 預先將喜歡的公主圖案印出來，裁剪好只需要上半身，黏貼在牙籤上，備用。

2. 白蝦去腸去泥，洗淨後加入少許鹽、胡椒粉醃製。

3. 洋蔥、紅蘿蔔切丁。

4. 鍋內熱油後加入洋蔥丁炒香，再加入蝦仁、紅蘿蔔、玉米粒翻炒。

   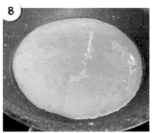

5. 加入米飯、蛋液一起翻炒，將飯炒至金黃，最後加入
   茄汁、少許鹽、胡椒調味，炒勻。

6. 將炒好的紅飯盛入飯碗裡，壓緊壓實。倒扣飯碗在碟上，
   慢慢取走飯碗。

7. 蛋液製作：打兩顆蛋，與牛奶、蛋黃沙律醬（美乃滋）
   拌勻，並過篩。

8. 以適量油熱鍋，確保鍋子每一處受熱均勻。轉至中小火，
   倒入蛋液。

飯裝到飯碗裡，一定要放滿並且壓實，
倒扣後飯才不會散開喔

蛋皮的份量不宜
太多，太厚容易在
倒蛋皮時破裂喔！

9. 待蛋液稍微凝固，兩支筷子在對邊，由兩端移向中間。

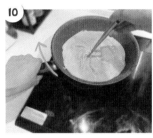

10. 以一隻手固定筷子，筷子不動，另一隻手順時鐘旋轉鍋子，待蛋皮大致凝固便可以熄火，輕輕移開筷子。

11. 慢慢把蛋皮沿鍋邊邊滑在飯面上。

12. 插上預先準備好的公主插旗，完成！

TIPS

*飯底也可以參考「鬼畫符蛋包飯」的番茄紅飯作法（P.80）
或是日式咖喱飯作為飯底都很適合！

*蛋液過篩可以防止過多氣泡產生，煎出來的蛋皮會比較平滑喔！

*蛋皮煎熟的過程很快，要留心火候及蛋皮的變化，動作要快喔，
不然很容易就把蛋煎熟了，錯過了做出漩渦花紋的時機喔！

小熊咖喱飯

30 MIN

難易程度　　　所需時間

食物材料（2-3人份）

- 日式咖喱塊............. 1份
- 無鹽牛油.............. 適量
- 去骨雞腿肉............ 200g
- 薯仔................ 1 個
- 紅蘿蔔.............. 半條
- 洋蔥................ 適量
- 紫菜................ 適量
- 水煮蛋.............. 1顆
- 白飯................ 2碗
- 茄汁................ 少許

輔具工具

- 小的圓型模具（或珍奶粗吸管 ）
- 小剪刀
- 牙籤

1. 水煮雞蛋,攤涼剝殼備用。

2. 將雞腿肉、馬鈴薯、胡蘿蔔切塊。洋蔥切粒。

3. 平底鍋加入牛油熱鍋,先加入洋蔥炒香。再加入雞肉、馬鈴薯、
   紅蘿蔔翻炒,至雞肉熟透。

4. 加4碗水後加熱至沸騰,轉至中小火,加熱至馬鈴薯、
   紅蘿蔔變軟(約10分鐘)。

5. 關火後將咖哩塊放入鍋中,攪拌至咖哩塊完全溶化後,邊攪拌邊
   加熱約5分鐘,熄火。

6. 將煮好的咖哩均勻倒在圓型盤上。

除了雞肉,亦可以用
牛絞肉或豬肉替代。

Cooking
time

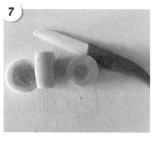 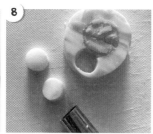  

7. 去殼後的雞蛋橫切成三份，其中兩份作為小熊耳朵，備用。

8. 用雞蛋剩餘的部分，使用小的圓形模具（或珍奶吸管）印壓蛋白。

9. 紫菜剪出小熊的五官。

10. 將米飯放入圓型飯碗中，壓實壓平與碗的邊緣相齊。

cute!

11. 飯碗倒扣在盤中間。

12. 幫小熊加上耳朵（雞蛋）及五官。

13. 用牙籤沾少量茄汁，點在飯上作為胭脂，完成！

〜〜〜〜 TIPS 〜〜〜〜

*上述咖哩作法&份量僅供參考，每款咖哩塊的配方不同，請依據包裝指示烹煮為主。

*依個人喜好，雞肉可以提前加入少許醬油、鹽、糖，醃製15分鐘。

62

捲捲頭拌麵

難易程度

20 MIN

所需時間

適合親子一起
動手做

食物材料

- 紫菜．．．．．．．．．．．適量
- 雞蛋．．．．．．．．．．．．1顆
- 茄汁．．．．．．．．．．．．少量
- 拌麵麵條．．．．．．．．1份
- 配菜．．．．．．．依個人喜好

拌麵醬汁

- 醬油．．．．．．．．．一湯匙
- 紅蔥油．．．．．．．．一湯匙
- 煮麵水．．．．．．．．一湯匙

輔助工具

- 小剪刀

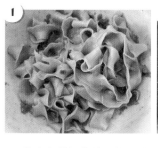 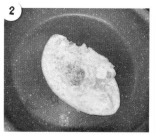 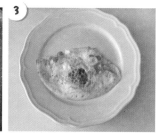 

1. 滾水煮熟麵條後，拌入醬汁，攪拌均勻。

2. 用平底鍋小火煎蛋至全熟。

3. 將煎蛋看得到蛋黃的那面在下，擺上盤。

4. 沿著雞蛋上半邊緣放上麵條。

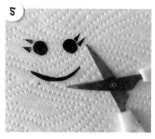 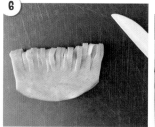  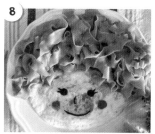

5. 用紫菜剪出五官。

6. 火腿片輕輕對折，用小刀切割出一刀刀相等距離的切痕，但別切斷。

7. 把火腿捲起來，就是火腿花了。

8. 利用麵條與麵條之間的空隙放入火腿花，使其固定，加上紫菜剪成的五官，用牙籤沾點茄汁點上胭脂，完成！

TIPS

*也可以用花型模具印壓紅蘿蔔片來做出紅蘿蔔花 (詳細做法可參考P.24)來替代花腿花。

*如果想要煎出更平滑的純白蛋白皮可以參P.20。

*我自己是覺得照平常煎雞蛋的方式煎熟就可以了，蛋面有點凹凸顏色反而可以營造出像是雀斑的可愛感。

水果飯糰

★★★★★
難易程度

30 MIN
所需時間

輔助工具

- 三角飯糰模具
- 保鮮紙
- 圓型壓模（或珍奶粗吸管）

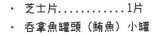

食物材料

- 白飯..............1.5碗
- 薑黃粉...........適量
- 西蘭花...........1/4顆
- 肉鬆.............適量
- 蛋黃醬...........1大湯匙
- 黑芝麻...........少量
- 鹽...............少許
- 胡椒粉...........少許
- 芝士片...........1片
- 吞拿魚罐頭（鮪魚）小罐

1. 飯糰餡料製作：吞拿魚瀝乾水份，加入蛋黃醬、少許鹽、胡椒粉攪拌均勻，完成後放入雪櫃備用。

2. 西蘭花煮熟後，將花蕾的部分取下，用湯匙搗碎後加入飯中，攪拌均勻，做出綠色的飯。

3. 薑黃粉加入飯中，攪拌均勻，做出黃色的飯。 薑黃粉應少量分次加入，攪拌均勻，不夠再加，以免添加過量。

4. 將綠色、白色、黃色的飯，依次及按照比例放入三角飯糰模裡，份量加到大約是模具一半左右。

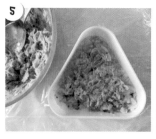  

5. 加入吞拿魚餡料。

6. 再依次加入綠色、白色、黃色的飯覆蓋，壓實壓緊。

7. 倒扣飯糰模，加上黑芝麻，完成！

TIPS

餡料可以依據個人喜好更換，最方便的現成食材可以直接使用肉鬆、玉米粒喔！

 奇異果飯糰

   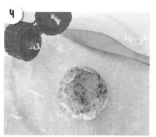

1. 將西蘭花拌飯（綠飯）攤平放在保鮮紙上，在飯中間加上吞拿魚餡料。

2. 將保鮮紙由外向內包起，抓緊保鮮紙端讓飯糰變成圓球狀。

3. 向飯糰兩邊輕壓，使飯糰變成「圓餅狀」

4. 打開保鮮膜，沿著圓餅邊緣塗抹上蛋黃醬。

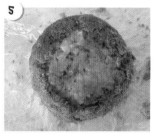 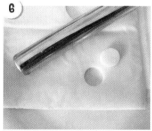 

5. 沿著圓餅邊緣加上肉鬆

6. 用圓型壓模印壓芝士片，壓出圓型。

7. 將圓型芝士貼在飯糰中間，沿著圓型放上黑芝麻，完成

TIPS

幫奇異果飯糰邊緣貼上肉鬆時，如果
黏不太上，應該就是蛋黃醬添加不夠，
可以用肉鬆直接沾取蛋黃醬再貼上！

花壽司

難易程度

30 MIN

所需時間

輔助工具

· 壽司竹簾

食物材料

· 白飯.............半碗
· 肉鬆.............適量
· 青瓜絲...........適量
· 紅蘿蔔絲.........適量
· 蟹柳棒...........3-4條
· 大張壽司紫菜......4張
· 壽司醋...........少許

1. 白飯煮好後，趁熱放入壽司醋攪拌均勻。待壽司飯攤涼。

2. 將紅蘿蔔、青瓜洗淨，切細絲。用廚房紙抹去蟹柳棒上多餘的水份，
   手撕成細絲。

3. 兩張大紫菜分別均勻裁切成三份（共六張），用壽司紫菜分別把
   紅蘿蔔絲、青瓜絲、蟹柳絲包成捲，收尾時用飯粒黏著紫菜，使蔬菜
   捲扎實捲緊。每款分別包成兩捲。

4. 紫菜上鋪上壽司飯，加上肉鬆，捲起。

5. 再取一張紫菜，放上蔬菜小捲，再放上肉鬆飯捲。

6. 將蔬菜捲圍住肉鬆飯捲，一同捲起，一邊捲一邊收實，收尾時用飯粒
   黏著紫菜。

7. 將壽司捲切開，完成！

TIPS

*做壽司的飯因為會加入醋，煮飯時
水的比例可以略為減少。

*如何防止壽司捲散開？ 可以用保
鮮紙將壽司捆緊，連同保鮮膜
一起切，壽司就不容易散開囉！

* 肉鬆飯捲的尺寸應與蔬菜捲
的尺寸差不多，太大的話，蔬菜
捲會無法把飯捲全部包圍喔

飛魚籽三文魚火山炒飯

難易程度

30 MIN

所需時間

食物材料（2-3人份）

- 三文魚柳.............1塊
- 隔夜白飯.............2碗
- 飛魚籽...............適量
- 雞蛋................2 個
- 洋蔥丁...............適量
- 蔥粒................適量
- 鹽.................少許
- 糖.................少許
- 胡椒粉...............少許
- 甜豉油..............適量

輔具工具

- 水杯
- 即棄手套

1. 洗淨三文魚,用廚房紙抹乾,去皮切粒,用少許鹽、糖、胡椒粉醃大約15分鐘,備用。

2. 少許油下鍋,炒熱洋蔥丁至透明狀。

3. 加入三文魚粒,炒熟後盛起備用。

4. 打散雞蛋,攪拌均勻成蛋液。

5. 蛋液倒入平底鍋中,加入米飯一起翻炒,將飯炒至金黃。最後加入三文魚粒,再加入少量甜豉油調色即可。

選用高身的杯子，高度足夠更有山的感覺。

~~~~~~ TIPS ~~~~~~

飯放到杯子裡記得壓實，
倒模時飯才不容易散開喔！
如果覺得飯快散開了，
可以戴上即棄手套把飯向內壓緊壓實。

6. 將炒好的炒飯放入水杯中，放滿壓實。

7. 倒扣杯子在盤子上，將飯倒出。

8. 戴上即棄塑膠手套，將飯塑形為「上窄下寬」的山型。

9. 可以用多餘的飯，加在山腳邊，更有山的感覺。並在最頂部向內輕壓一點做出有火山口的效果

10. 在火山口及火山上半緣加上三文魚籽製造出岩漿流出的感覺。

11. 山腳的位置加上蔥粒點綴，完成！

真熱狗

★ ★
★
★ ★

難易程度

30 MIN

所需時間

輔助工具

- 小剪刀（或表情打洞機）
- 圓型壓模
- 切割小刀
- 牙籤

食物材料

- 未經切割的熱狗包或長麵包‥2個
- 生菜‥‥‥‥‥‥‥ 適量
- 熱狗腸‥‥‥‥‥‥1條
- 沙律醬‥‥‥‥‥‥ 適量
- 芝士片(起司片)‥‥1片
- 火腿片‥‥‥‥‥‥ 半塊
- 茄汁‥‥‥‥‥‥‥ 適量
- 紫菜‥‥‥‥‥‥‥ 適量

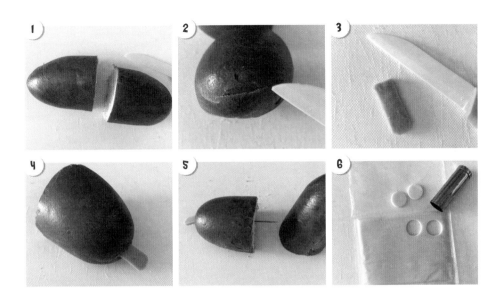

1. 熱狗包切半。
2. 其中一個熱狗包的頂端,向內割一刀。
3. 火腿片裁切出長條狀,其中一端裁修圓滑。
4. 裁切好的火腿片塞入割開的熱狗包內。
5. 用牙籤連接兩個熱狗包。
6. 圓型模具印壓芝士片,印出兩個圓型。

熱狗的頭-可以依據熱狗包的大小再切割
麵包,修飾成合適的大小。

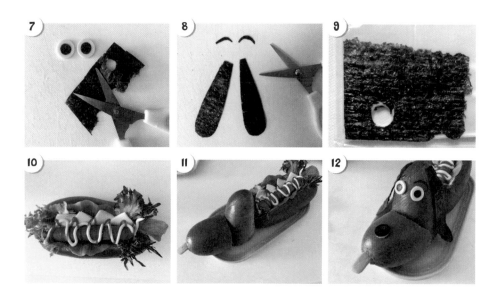

7. 紫菜剪出兩個小圓型，貼到圓型芝士片上，作為小狗的眼睛，備用。

8. 紫菜剪出兩個狗耳朵、眉毛，備用。

9. 將紫菜放在芝士片上，用圓型模具印壓出一個黑色圓型，作為小狗的鼻子，備用。

10. 將另一個完整的熱狗包，中間劃一刀。鋪上生菜，加入煮熟的熱狗腸*，擠上沙律醬、茄汁。

11. 將熱狗的頭及身體擺盤。

12. 沾取少許沙律醬，貼上眉毛、眼睛、鼻子，耳朵，完成！

> ꞉꞉꞉꞉꞉꞉ TIPS ꞉꞉꞉꞉꞉꞉
>
> *可以依個人喜好加入喜好的配料，也可將之前裁切剩下的芝士片、火腿片塞入熱狗包中。
>
> *熱狗可以依個人喜好烹飪，不在此贅述。

章魚飯糰

30 MIN

難易程度　　　　所需時間　　　適合親子一起
　　　　　　　　　　　　　　　動手做

輔助工具

- 粗吸管
- 細吸管
- 保鮮紙

食物材料

- 白飯.............1碗
- 短腸仔...........數條
- 芝士片(起司片)....1片
- 黑芝麻...........適量
- 紫菜.............適量
- 沙律醬...........適量

章魚飯糰

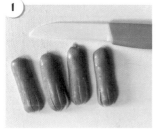   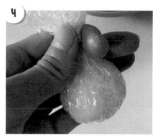

1. 腸仔切半，並在每半邊用小刀劃上三刀。

2. 將腸仔放入滾水中加熱，被切割的部分就會慢慢明顯分開。煮好後，攤涼備用。

3. 手掌鋪上保鮮紙，放上微溫的飯。

4. 手掌向內握住，保鮮紙向上拉緊，束起捏緊，圓形飯糰就成形了

   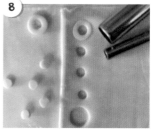

5. 在飯糰中間向內戳出一個小凹洞。

6. 打開保鮮紙，將腸仔放入凹洞。

7. 再次用保鮮紙將飯糰包裹，並捏實捏緊，讓腸仔與飯糰緊密接合。

8. 用粗吸管印出兩個圓型，作為章魚眼睛。再用粗吸管印出一個圓形，跟著用細的吸管印壓圓型內圈，作為章魚嘴巴。

9. 印壓成型的芝士片沾黏一點沙律醬後貼到飯糰上。

10. 取兩粒黑芝麻貼黏在章魚眼睛上，就完成了！

魷魚飯糰

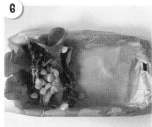

1. 腸仔、魷魚眼睛、以及嘴巴的準備步驟與章魚相同，可以直接參考上面步驟1-2 & 8。

2. 捏飯糰時，手掌鋪上保鮮紙，放上微溫的飯，將飯糰先捏圓捏實後，再塑形做長方體

3. 將腸仔放到飯糰上。

4. 用小剪刀剪出長條紫菜，圍繞腸仔&飯團。

5. 幫魷魚加上眼睛、嘴巴，就完成啦！

6. 在便當盒裡鋪上生菜或是任何喜歡的配料，放入章魚飯糰，就是一個適合小息或是野餐的輕食便當！

> **TIPS**
>
> *圓形飯糰是所有形狀飯糰的基礎，建議先捏成圓型，利用保鮮紙捏實捏緊飯糰主體，再塑形成其他形狀會比較穩固，不容易散喔！
>
> *飯團也可以用穀物米或是加入染色（可以參照P.16的染色教學），讓色彩更豐富

鬼畫符蛋包炒飯便當

★★★★★
難易程度

30 MIN
所需時間

食物材料

- 白飯................ 1碗
- 洋蔥................ 25g
- 雞腿肉.............. 50g
- 鹽................. 少許
- 胡椒粉.............. 少許
- 茄汁................ 適量
- 無鹽牛油............ 10g
- 植物油.............. 適量

蛋液

- 雞蛋.....2顆
- 牛奶..... 一湯匙
- 蛋黃沙律醬（Mayonnaise）少許

輔助工具

- 描繪筆/醬料描繪罐

過濾蛋液是一個很重要的
步驟。可以讓蛋皮表面更
均勻，避免起泡或是顏色
不均勻的情況出現。

1. 洋蔥、雞腿肉都洗淨切丁備用。

2. 植物油加入平底鍋加熱，再放入洋蔥粒炒香，隨後放入雞肉丁翻
   炒，炒至雞肉表面呈現淡金黃色。

3. 倒入白飯，加入茄汁兩大湯匙，以大火快速翻炒，最後加入少許
   鹽、胡椒粉調味即可。

4. 炒好的炒飯裝入便當盒中。

5. 蛋液製作：打兩顆蛋，與牛奶、蛋黃沙律醬（美乃滋）拌勻，

6. 攪拌均勻的蛋液過篩備用。

7. 在平底鍋加入無鹽牛油10g 熱鍋，讓牛油平均分佈在鍋上。

8. 倒入拌勻的蛋液，用筷子輕輕在鍋內不停地畫圈，動作要很輕，讓蛋漸漸呈半熟狀。

9. 當蛋皮呈現半熟狀後便熄火，將鍋子傾斜在便當盒上方。

10. 用筷子讓蛋皮先對折，將蛋皮滑下蓋在飯上。

11. 用筷子將多餘的蛋皮收入便當盒中。

12. 最後用描繪筆沾取茄汁，在蛋皮上寫上文字，即成！

~~~~~ TIPS ~~~~~

*以上炒飯為日式洋食屋的蛋包飯的簡易作法，成品的蛋皮會比較厚實切仍有液態的狀態，如果不習慣吃未全熟的蛋，可以考慮基礎蛋皮的做法(P. 20) 替代喔。

*我這裡用的是醬料描繪罐(日系$12店購入)，將茄汁放入罐中就可以擠出比較細的茄汁線條以方便書寫; 或是也可以將茄汁倒入小碟中，用描繪筆 (一般烘培用品店購入)沾取來書寫喔！

飛天肉醬意粉

30 MIN

難易程度　　　所需時間　　　適合親子一起
　　　　　　　　　　　　　　　動手做

輔助工具

· 竹籤
· 叉子

食物材料

· 意粉.............170g
· 免治豬肉..........120g
· 洋蔥............1/3顆左右
· 番茄.............1顆
· 橄欖油(其他植物油皆可)....適量
· 意粉番茄紅醬..............250g
· 茄汁(番茄醬)..............30g
· 鹽..............適量
· 糖..............適量
· 蘋果.............1顆

肉醬意粉

1. 將洋蔥切成細丁，番茄切成小塊

2. 水滾後加入少許鹽、油，放入意粉，中火滾煮約12-15分鐘。煮意粉的同時，就可以開始煮意粉肉醬。

3. 平底鍋中加油熱鍋，先炒香洋蔥丁，加入絞肉炒熟。

4. 加入意粉紅醬、茄汁、番茄小塊，如果覺得太乾，可以加半碗水，一邊翻炒，一邊用鍋鏟按壓番茄小塊，將番茄的汁釋出。

5. 將煮好的意粉，加入平底鍋中一起翻炒均勻，起鍋備用。

魔法擺盤

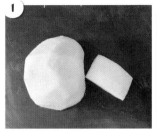

推薦用竹籤連結兩個蘋果，因為跟意粉本身的顏色接近，就算穿幫了也不顯眼喔！

1. 將蘋果洗淨，去皮去核切半。其中半塊切成較小的長方形。

2. 將半塊蘋果擺在碟上做底，用竹籤連結小塊的蘋果。

3. 將叉子插入小塊蘋果的側面中。

4. 將意粉繞著盤子擺放，遮掩蘋果底座。

5. 再取一些意粉放在叉子上，使其垂掛並遮掩住蘋果及竹籤。
   做好後再看看還有沒有需要遮住的地方，再修飾一下，就完成了！

TIPS

*以上份量約為兩–三人份，大家可以依自己需求按比例增減份量喔！

*各品牌意粉軟硬度略有不同，烹煮時間可能略有不同，可以自行調整。

撈金魚冷麵

★★★
★★
★

難易程度

30 MIN

所需時間

食物材料

- 小番茄..........4粒
- 素麵條..........2人份
- 蝶豆花..........3-4朵
- 秋葵..........2條
- 青檸..........半顆
- 紫菜..........適量
- 冰塊..........適量
- 芝士片(起司片)...1片
- 紫菜絲..........適量
- 日式海帶片(泡水後使用)

冷麵汁

- 日式冷麵汁（鰹魚醬汁）
- 白芝麻
- 乾蔥花/蔥花

輔助工具

- 吸管
- 小剪刀（表情打洞機）
- 小刀

麵條也可以選擇
烏冬!

1. 將所需麵的一半先煮熟,瀝水並撈入冰塊備用。

2. 另一半的麵加入3–4朵蝶豆花煮熟,麵條染色成藍色。

3. 藍色麵煮好後,瀝水並撈入冰塊備用。

4. 秋葵橫切,水煮熟備用。青檸切片備用。

5. 將煮好的麵用筷子繞成一個個的圈擺盤,可以將藍色、白色麵條分開
   盤捲或是混合一起擺放,排列成喜歡的樣子。

6. 放上青檸切片、海帶片、秋葵、紫菜絲裝飾。

蝶豆花染色可以先少量加入(2–3朵),
可以依據情況再添加。如果煮出來發現顏
色過深,可以用開水沖洗麵條來補救!

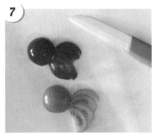

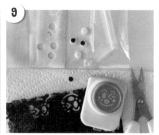

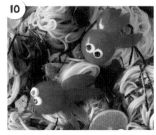

醬汁也可以依據
個人喜好準備!

7. 小番茄切半,一半作爲身體,另一半用小刀以斜切的方式成三份。

8. 將小番茄擺上盤,排成小金魚的樣子。

9. 用細吸管印壓芝士片作爲眼白。用小剪刀(或表情打洞機)剪紫菜做出圓型眼球,放到圓型芝士片上。

10. 將做好的金魚眼睛放到小金魚上面。

11. 冷麵汁加入白芝麻、乾蔥花,將醬汁淋上麵條或是麵條放碗中沾取醬汁食用都可以喔。

TIPS

*市售的日式冷麵汁(鰹魚醬汁)有些會是以濃縮的形式販售,如果是濃縮的醬汁記得要依照包裝上的指示加入冷水稀釋喔。

*小番茄除了紅色,市面上也有販售黃色、橙色蕃茄,可以讓色彩更豐富。

狗狗肉鬆飯糰

難易程度

20 MIN

所需時間

食物材料

- 白飯...........半碗
- 肉鬆...........半碗
- 紫菜...........適量
- 火腿片..........1長條
- 芝士片(起司片)...1片
- 沙律醬/蛋黃醬....適量

輔助工具

- 保鮮紙
- 小剪刀
- 珍奶粗吸管

擦沙律醬時，可以利用
小湯匙的背面塗抹，或是
戴上即棄手套用手塗抹
更為均勻。

1. 將飯鋪在保鮮紙上，包裹起來，捏緊實後，做出一個圓型。

2. 將飯糰稍微調整成圓鼓鼓的三角形的形狀（不需要尖角，平滑的角便可以）

3. 用手指往飯糰內壓出兩個洞，作為眼睛凹陷的部分。

4. 搓出三個小圓，放在鼻子及兩頰。

5. 再用保鮮紙做出相對應尺寸的圓長條型作為耳朵。

6. 幫飯糰擦上沙律醬。

꿋꿋꿋꿋 TIPS 꿋꿋꿋꿋

*最後可以利用
小鑷子夾取肉鬆來做修整。

*肉鬆沾黏飯糰時可以先在保鮮
紙上操作，等黏好後才上碟，
不然沾粘過程中肉鬆一定會掉落在盤
子上，擺盤就沒那麼好看囉！

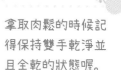

拿取肉鬆的時候記
得保持雙手乾淨並
且全乾的狀態喔。

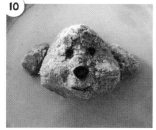

7. 將肉鬆貼黏在飯糰上。

8. 用類似的做法，做出相對應尺寸的飯糰–梯形（身體）、兩個長條形
    （前腿）及一條細長三角型（尾巴）；並塗上沙律醬沾黏肉鬆。

9. 用小剪刀剪出狗狗的眼睛、鼻子及微笑線。

10. 紫菜沾取少量沙律醬，貼在相對應的位置。

11. 火腿片剪出長條型，用粗飲筒印壓芝士片印出圓型（亦可以直接用
    玉米粒替代），小狗的頸圈就完成了

12. 將飯糰擺盤，將頸圈加在小狗脖子上，大功告成！

如果技術熟練，覺得應付得來，也可以挑戰立體的
狗狗飯糰喔！記住秘訣就是飯一定要捏實，不同的
部位分開處理，最後才組合起來。

下午茶輕食＆派對小食篇

偽珍珠奶茶奶醬多士（吐司）

難易程度　　所需時間　　適合親子一起
　　　　　10 MIN　　　　動手做

食物材料

- 圓頂多士(吐司)...1塊
- 煉奶..........適量
- 花生醬..........適量
- 捲心酥..........1條
- 朱古力早餐穀物球....適量

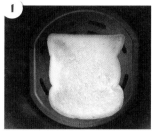
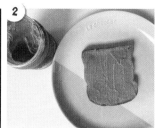
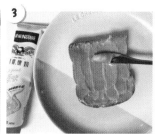

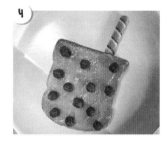

1. 焗爐/氣炸鍋180度 5分鐘將多士烤至金黃酥脆。

2. 多士先擦上一層花生醬 。

3. 再擦上適量煉奶，直接用抹刀使煉奶與花生醬擦拌均勻。

4. 用捲心酥及早餐穀物球裝飾，完成!

☆☆☆☆ TIPS ☆☆☆☆

*每個人家的焗爐火力不同，
時間&溫度都可以自行調整。

*多士上擺上早餐穀物球後
可以再焗多3分鐘。
焗脆的多士，跟早餐波波一起咬
下去，酥酥脆脆很有口感！

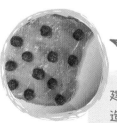

建議使用圓弧頂邊的多士，將圓弧邊朝下就可以營
造杯子的感覺。如是使用一般方形多士，則可以自
行裁切成長方形比較接近杯子的形狀喔。

95

免刨冰機的雪花冰

難易程度

10 MIN

所需時間

適合親子一起
動手做

食物材料

- 紙包牛奶.........2包
- 水果切塊.........適量
- 糖針.............適量
- 朱古力醬.........適量
- 煉奶.............適量

輔具工具

- 刨菜板

1. 將紙包奶冰入冷凍庫過夜（或是直至完全結冰）

2. 依個人喜好，選取喜歡的生果切塊。也可以使用了水果挖球器挖取西瓜或是蜜瓜。

3. 已完全結冰的紙包奶由冰櫃取出，稍微退冰後，剪開紙包的一邊。

4. 將結冰奶塊微微推出，緊貼刨菜板開始刨冰，刨的同時也慢慢繼續推出冰奶塊，直至結冰奶塊刨完為止。

5. 加入已切塊的生果粒、裝飾糖針，淋上朱古力醬、煉奶就完成啦！

⚠ 如果是親子共做，刨冰的時候，請小心被刨菜板割傷，尤其是奶塊快要刨完的時候喔！

TIPS

*大家可以依據個人喜好，加入自己喜歡的配料、果醬、朱古力粒、棉花糖等裝飾。

* 除了原味牛奶，也可以選擇朱古力奶、士多啤梨奶、雲尼拿奶等其他口味，配料方面也可以加入早餐穀物、小餅乾、朱古力等創造出自己喜歡的口味

墨西哥星星脆餅

難易程度 　　　30 MIN　　　 適合親子一起
　　　　　　　 所需時間　　　　動手做

輔助工具

· 星星模具

或是自選其他
喜歡的壓模 ♡

食物材料

· 蕃茄.............一顆
· 洋蔥.............1/4 個
· 牛油果...........一顆
· 芫茜（香菜）......一搓
· 鹽..............少量
· 牛油果...........一顆
· 黑胡椒...........一顆
· 檸檬汁...........適量
· 墨西哥薄餅.......4-5塊

1. 把番茄、洋蔥、香菜洗淨切成細小丁，放入碗裡備用。
   （如有食物處理器可以用食物處理器切丁，更為方便）

2. 取出牛油果肉，放入碗裡，用叉子弄成半泥狀。

3. 將牛油果肉泥與蔬菜切丁攪拌均勻，並加入檸檬汁，灑上適量的鹽巴和黑胡椒調味，醬料就完成了！ 可以先放置在冰箱裡備用。

4. 用餅乾壓模印壓墨西哥薄餅，壓出形狀。

5. 將薄餅放在鋪了烘焙紙的烤盤上，焗爐190度預熱，放入焗爐烤約 10 分鐘至到薄餅變脆。

6. 烤好的脆餅，佐以冰涼的牛油果莎莎醬，完成啦！

TIPS

*喜歡吃辣的人可以自行準備辣椒末，適量酌放。

*烤墨西哥薄餅時亦可以撒上少許鹽或是芝士

西瓜水果果凍

難易程度

30 MIN

所需時間

適合親子一起
動手做

等候時間：
冷藏約4小時

水果可以依照
個人喜好選擇，
若使用魚膠粉或含有
魚膠成份的啫喱粉，
請避免奇異果、
菠蘿、木瓜等含酵素
的水果，
會影響凝固。

食物材料

- 藍莓...........適量
- 芒果...........半顆
- 青提(綠色葡萄)...適量
- 小型西瓜........半顆
- 火龍果..........半顆
- 細砂糖..........25g
- 魚膠粉(吉利丁粉)..25g
- 啫喱粉芒果味（果凍粉）一盒

1. 西瓜切半，取出果肉切塊。

2. 將其他水果洗淨、切塊。

3. 將切好的水果平均分散放入西瓜殼裡。

4. 煮開水（500ml)倒入魚膠粉、啫喱粉、砂糖，充分攪拌均勻至粉末完全融化。

5. 待稍微攤涼後，將液體倒回西瓜盅內。

6. 封上保鮮紙，放入冷藏4小時或直至完全凝固後，取出切片後即成！

液體倒入後，西瓜可能會難以平衡，可以先將西瓜先放入碗中，再倒入液體，就能站穩。

TIPS

*以上配方僅供參考，各品牌的魚膠粉、啫喱粉，配方可能略有不同，請依照包裝上的配方指引為主！

*市面上亦有其他不同成份的凝固粉，像是不含魚膠成份的的純素果凍粉、寒天粉、白涼粉等，都可以替代使用。

彩虹穀物雪Q餅

★ ★
★
★ ★

30 MIN

難易程度　　　所需時間

可以選擇其他口味的早餐穀物，
不過就要避免選用穀物「片」，
因為口感做出來不如立體的穀物
（像是穀物波波、穀物圈圈、穀
物星星本身有膨脹感，做起來有
酥脆感，口感較佳）

食物材料

· 無鹽牛油..........20g
· 棉花糖............50g
· 彩虹早餐穀物......50g
· 什錦果仁果乾......40g

輔助工具

· 烘培紙
· 耐熱的容器

果仁果乾選擇視乎個人喜好
選用，我用的是什錦雜果仁
（有開心果、核桃、堅果、
腰果、杏仁等）

1. 將較大的果仁、果乾切碎。

2. 在平底鍋裡加入牛油小火煮溶,放入棉花糖,期間不停用膠刮拌勻。攪拌至完全融化,熄火。

3. 熄火後再加入整碎的果乾、果仁及彩虹穀物,不同翻直至均勻黏着所有乾材料。

4. 趁熱倒入鋪有烘培紙的容器中,

5. 上面再蓋上一層烘培紙,用手壓平壓實。

6. 放置陰涼處風乾,冷卻風乾後切塊即可食用!

TIPS

* 煮棉花糖時,記得一定
要注意火候,要開小火,
並不停翻攪,
不然會燒焦喔!

棋格餅乾

難易程度　　　所需時間

輔助工具

- 桿麵棍
- 過篩網

準備一個雞蛋就可以包括
兩色餅乾+刷蛋液沾黏所需
的所有蛋液。

食物材料

原味麵團

- 低筋麵粉.........75g
- 無鹽牛油.........40g
- 糖粉.............40g
- 全蛋液..........13g

朱古力麵團

- 低筋麵粉.........65g
- 無鹽牛油.........40g
- 糖粉.............40g
- 全蛋液..........13g
- 可可粉..........10g

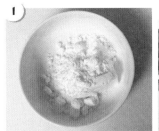

加入低筋麵粉後，
會比較難操作，
建議洗乾淨雙手，
用雙手搓揉。

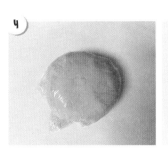

1. 無鹽牛油室溫放軟後（手指可以按得下去），加入糖粉攪拌均勻。

2. 分兩次加入蛋液，第一次攪拌均勻後，再加入第二次蛋液攪拌均勻。

3. 加入過篩的低筋麵粉，均勻揉成麵團，將麵團放入冷凍15分鐘。

4. 同樣作法，製作朱古力麵團–無鹽奶油加糖粉攪拌，後加蛋液攪拌均勻，
   最後加入過篩的低筋麵粉及可可粉翻拌均勻，將麵團放入冷凍15分鐘。

5. 冷凍變硬後，麵糰會變得不黏手易操作，將兩個麵團桿成厚底約1公分的
   長方形。

6. 在原味麵團上擦上一層蛋液作為粘合劑，放上朱古力麵團。放入冷凍15分鐘至冰硬。

7. 麵團凍硬後，先切除長方體的兩側邊緣，可以讓成品更美觀。

8. 切成一條條約1公分寬的長條。

9. 沾取少量蛋液刷在長條的側面，將兩個麵團顏色交錯黏著。再冷凍15分鐘。

10. 凍硬後的麵團取出，切成厚約0.5公分的餅乾片。

11. 烤箱預熱，190度，10分鐘，完成!

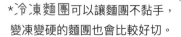 TIPS

*冷凍麵團可以讓麵團不黏手，變凍變硬的麵團也會比較好切。

*別忘了將多餘的麵團邊一併放入焗爐烘烤，不浪費喔！

波板糖三文治捲（棒棒糖）

難易程度

20 MIN
所需時間

適合親子一起
動手做

食物材料

- 多士(吐司).......1塊
- 火腿...........1片
- 沙律菜..........適量
- 沙律醬..........適量

輔助工具

- 桿麵棍
- 牙籤/裝飾便當籤

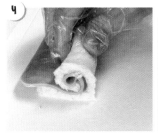
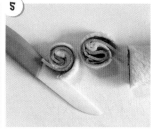

1. 用桿麵棍將多士桿平桿扁
   （如無桿麵棍，可以用外型均勻平滑的玻璃杯代替）

2. 多士擦上沙律醬，將沙律菜均勻地鋪好在多士上。

3. 將火腿片切裁成合適的大小，鋪在多士上。

4. 捲起多士，一邊捲手要一邊往內把多士及火腿收緊捲實。

5. 將多士卷切開，備用。

除了火腿、生菜，
也可以加入
芝士片喔～

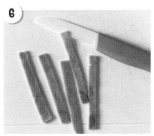

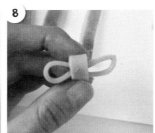

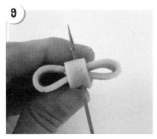
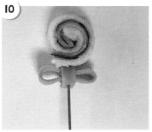

6. 將火腿裁切成一條條的長條型。

7. 火腿條繞成一個圓圈,先用兩隻手指在中間捏起。

8. 用另一條火腿條圍繞中間的部分(如有多出來的長度可以裁切掉)

9. 用牙籤串起火腿條固定。

10. 加上剛剛製作好的多士捲就完成啦!

*只有火腿的棒棒糖也很可愛喔!

⚠ 幼兒食用時請小心牙籤!
可以用較為不尖銳的便當籤、
水果籤代替牙籤。

生果乳酪雪條

難易程度　　　所需時間　　　適合親子一起
　　　　　　　30 MIN　　　　　　動手做

❄ 等候時間:
❄ 冷藏約4小時 ❄

輔助工具

· 塑膠湯匙/叉子

食物材料

· 乳酪.............4杯
· 芒果.............1顆
· 奇異果..........1顆
· 火龍果..........半顆
· 提子.............適量
· 檸檬汁..........適量
· 蜂蜜.............適量

任何牌子的乳酪都無所謂,
選自己喜歡的口味就可以了!

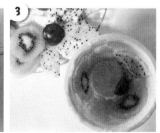

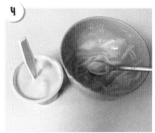

1. 將奇異果、芒果、火龍果切粒，留下少許切片，盡量切薄片。提子切半。

2. 將乳酪倒出，加入水果粒、少量蜂蜜、幾滴檸檬汁攪拌均勻。

3. 水果片緊貼乳酪杯，切半的提子無法貼黏住，所以可以放在杯底，但也是讓其緊貼杯緣。

4. 將攪拌好的乳酪倒回，插入塑膠湯匙/叉子。

5. 杯面封上保鮮紙，放入冷凍層4小時以上，待完全結冰後取出即可食用！

TIPS

連自製雪條盒都不需要，直接利用包裝，以及家裡多餘的外賣餐具的湯匙，當雪條棍就可以喔！

*可以根據不同時令，選擇不同的水果搭配不同口味的乳酪，就可以創造出口味豐富又吸睛的乳酪雪條喔。

超簡單的牛油小蛋糕

難易程度

30 MIN
所需時間

適合親子一起
動手做

食物材料

· 無鹽牛油............130g
· 雞蛋三顆............約120g
· 細砂糖............100g
  （糖粉/糖霜皆可替代）
· 低筋麵粉............130g
· 泡打粉細砂糖........3g
· 植物油............少許

裝飾食材

· 烘培用朱古力筆（黑、白兩色）
· 裝飾糖針

輔助工具

· 矽膠蛋糕模具
· 過篩網

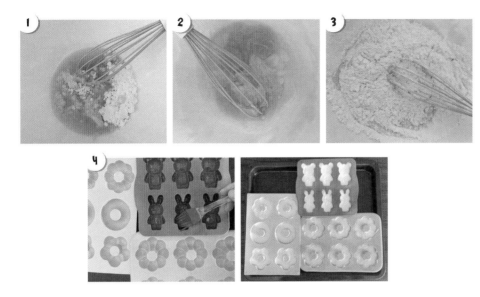

1. 將融化的牛油（可以微波或是隔水加熱）加入細砂糖攪拌。

2. 再加入雞蛋攪拌均勻。

3. 加入過篩的低筋麵粉及泡打粉，攪拌均勻。

4. 模具上掃上一層油，將麵糊倒入矽膠材質的蛋糕模具 （大概倒8分
   滿就好了，因為烤好會膨脹），放入已預熱的焗爐，180度，12～15
   分鐘左右*

麵漿倒入模具後，可以拎起模具向桌上輕輕
撞擊，可以讓麵糊分布均勻，也可以讓多餘
的氣泡排出，烤出來的蛋糕更漂亮喔！

113

5. 取出後稍微攤涼，脫模。小蛋糕就完成了。

6. 用朱古力筆描繪出五官或是喜歡的圖樣，完成啦！

我私心很喜歡做這個簡單小蛋糕，
作法很簡單，小朋友也可以一起幫忙
參與，現烤現吃，又好玩又好吃！

烘培朱古力筆，
記得預先浸泡入熱水
中至軟身才使用得
到喔！

以上配方是最基礎的配方，可以自行添加口味，像是可可粉、抹茶粉就可以做出不同口味的小蛋糕喔！

TIPS

*每個人家的焗爐火力不同，時間&溫度都可以自行調整，可以用牙籤插入測試，沒有濕便可以了。

特殊節日篇

冬至熊貓湯圓

難易程度

30 MIN
所需時間

適合親子一起
動手做

食物材料

- 糯米粉...........150g
- 冷水.............120g
- 竹炭粉..........少量
- 黑芝麻醬.........適量

糖水

- 片糖/冰糖........適量
- 薑片.............適量

 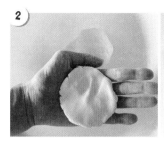 

1. 將冷水分次加入糯米粉中，將其搓成麵團。

2. 取麵團中的五分之一，搓圓壓平，加入滾水中煮熟。

板母（粿粹）

3.

麵團

板母

3. 攤凍後的熟麵團加入生麵團中一起搓揉均勻。

製作造型湯圓有一個步驟很重要，
那就是加入板母（粿粹）。
在糯米團中加入一塊已過水煮熟的板母，
如此一來可以增加麵團的延展度與彈性，
更容易塑形。

4. 拿取一小部分加入竹炭粉，搓揉均勻染成黑色麵團備用。

5. 將白色麵團搓成一個個的圓，然後壓扁加入芝麻餡料，包起搓圓。

6. 用黑色麵團捏出熊貓的兩個耳朵（圓形）、眼睛（橢圓形）及鼻子（小粒的圓形）。

7. 將熊貓五官貼上，可以沾點水幫助黏貼。

8. 煮滾片糖、薑片糖水後，放入湯圓，湯圓浮起後就完成啦！

∽∾∽∾ TIPS ∽∾∽∾

＊竹炭粉的染色效果很強，一開始只需要加一點點，有不夠再添加就好。

＊煮湯圓的時間不宜過久，不然五官很容易就掉落囉！

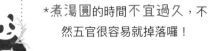

復活節小兔子多士捲 （吐司捲）

難易程度

30 MIN

所需時間

食物材料

- 多士(吐司) 2塊
- 芝士片(起司片)...2片
- 火腿片..........2片
- 茄汁............適量
- 沙律醬..........適量
- 紫菜............適量

輔助工具

- 桿麵棍 · 牙籤 · 小剪刀

 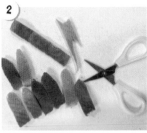 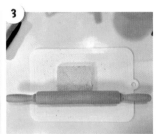

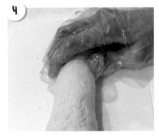 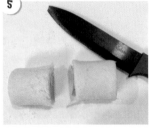

1. 將多士切邊。

2. 用小剪刀修剪多士邊，修剪成兔耳朵的形狀。

3. 用桿麵棍將多士桿平。

4. 加入芝士片、火腿捲起成圓筒狀。

5. 將多士卷切半備用。

 ꕥꕥꕥ TIPS ꕥꕥꕥ

*兔子五官的紫菜剪裁，
也可以使用紫菜打洞機來幫忙。

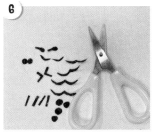

cute!

⚠️ 幼兒食用時請
小心牙籤！

6. 用小剪刀修剪紫菜，剪出兔子的眼睛、鼻子、嘴巴。

7. 修剪好的紫菜輕沾一點沙律醬，將兔子五官貼到多士捲上。

8. 以牙籤一邊插入兔耳朵，另一邊插入多士卷固定。

9. 用牙籤沾少許茄汁點在兔子的雙頰上，完成！

擔心幼兒誤食或是危險的話，
牙籤固定的部分
可以使用未煮的
乾燥意粉（義大利麵）
代替。

復活節母雞&彩蛋

難易程度　　　所需時間

40 MIN

輔助工具

- 飲管
- 花型模具
- 小剪刀
- 小刀
- 杯子蛋糕烘培模具

食物材料

- 水煮雞蛋............1顆
- 水煮鵪鶉蛋.........3-4顆
- 玉米粒.............少量
- 紫菜...............少量
- 薯仔...............1個
- 紅蘿蔔.............半條
- 水牛芝士碎
  (mozzarella cheese).適量
- 蝶豆花.............3-4朵
- 火腿片.............1片
- 芝士片(起司片)......1片
- 茄汁...............少量
- 鹽.................少量

鳥巢作法

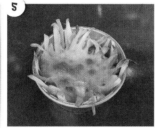

1. 薯仔、紅蘿蔔洗淨,去皮切絲,加入一小匙鹽,攪拌均勻,使鹽均勻分佈在薯仔、紅蘿蔔上。

2. 靜置10分鐘等待出水變軟,用手將水稍微擰乾後。

3. 放入杯子蛋糕模具中,沿著容器的形狀,排成類似碗狀。

4. 加入適量 mozzarella cheese。

5. 放入焗爐,以180度焗烤15分鐘左右。

> **TIPS**
>
> 鳥巢加鹽出水後,
> 焗烤出來的口感會是爽脆的。而加
> 入水牛芝士碎,除了調味之餘,
> 也是讓鳥巢可以黏在一起。

鵪鶉蛋彩蛋作法

 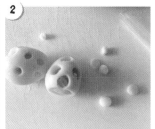 

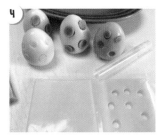

可以利用類似的染色技巧
（染色技巧可以參考P.16）及材
料互換的方式，搭配出不同顏
色的鵪鶉蛋彩蛋。

1. 鵪鶉蛋水煮後，去殼。

2. 用吸管在鵪鶉蛋上印壓出圓型洞。

3. 蝶豆花放入熱水中，用湯匙按壓使蝶豆花釋放出顏色，其中一個
   鵪鶉蛋（或是多個，依個人喜好）放入染色，約浸泡10分鐘左
   右，便可染色完成。

4. 用吸管印壓芝士片、火腿片，取出圓型 ，將圓型放入有洞的鵪鶉
   蛋中。

母雞媽媽作法

依個人喜好，不習慣生食的話，
紅蘿蔔切成雞冠型後，
可以在水煮雞蛋時，一起水煮。

1. 紅蘿蔔切片，用花型模具印壓。

2. 用小刀斜切兩刀，切出雞冠的形狀。

3. 水煮雞蛋去殼。用小刀在雞蛋頂劃一刀，在雞蛋正面
   切割出一個長方形。底部平刀切去一塊，以便站立。

4. 分別將紅蘿蔔片及玉米粒塞入相對應的位置。

5. 用小剪刀剪紫菜，剪出圓型眼睛並且貼上。

6. 牙籤沾取少量茄汁點上胭脂，母雞媽媽完成！

最後將彩蛋放入巢中，
連同母雞媽媽一起擺盤
就完成啦！

127

母親節花沙律

★ ★
★
★ ★

30 MIN

難易程度　　　所需時間

食物材料

- 沙律菜............適量
- 煙三文魚..........2-3片
- 火腿片............2片
- 玉米粒............適量
- 小玉米............3-4條
- 秋葵.............2條
- 沙律醬............適量
- 意粉.............1條

輔助工具

- 禮物絲帶 · 小刀 · 小剪刀
- 食物烘培紙/裝飾紙

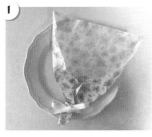

1. 將食物紙裁減成適當尺寸的長方形，鋪在平碟上，抓起食物紙的其中兩端端，綁上緞帶。

2. 鋪上沙律菜。

3. 秋葵切成一段段，將小玉米、秋葵水煮撈起攤涼，備用。

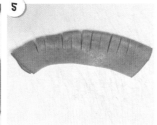
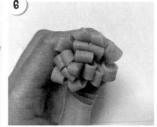

4. 將火腿片裁切成長方形，用小刀在火腿片的中間直向切割出約 1cm 的一條條的平行切痕。

5. 對折火腿片。

6. 慢慢捲起成花狀。

7. 並用一小段意粉插入固定。大約做2-3個這樣的火腿花。

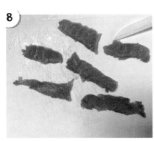 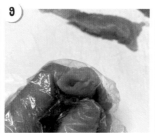 

8. 煙三文魚切成長條狀。

9. 先拿一段三文魚捲起。

10. 接著一塊圍著一塊三文魚片慢慢疊加成為玫瑰花的形狀。

TIPS

以上沙律食材也可以依個人喜好自行調整添加！

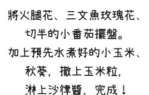

將火腿花、三文魚玫瑰花、
切半的小番茄擺盤。
加上預先水煮好的小玉米、
秋葵，撒上玉米粒，
淋上沙律醬，完成！

水果生日蛋糕

30 MIN

難易程度　　　所需時間

材料

- 小型西瓜............1個
- 奇異果............1顆
- 芒果............1顆
- 楊桃............1/3個
- 草莓............數顆
- 火龍果............半個
- 藍莓乳酪............1杯

輔助工具

- 10cm 圓形模具（慕斯模）
- 水果挖球器
- 鋸齒切割刀
- 裝飾生日牌

1. 西瓜切去兩邊，留下中間一大部分。

2. 用圓形模具印壓西瓜。

3. 將西瓜上碟。

4. 用水果挖球器挖出球型的火龍果。

5. 用鋸齒切割刀切割奇異果。

6. 芒果的兩邊切半，用小刀切割出格子狀，將芒果稍稍外翻。

TIPS

如果沒有鋸齒切割刀，可以
參考P. 23的奇異果花作法，
用普通小刀也可以做到喔！

happy
BIRTHDAY

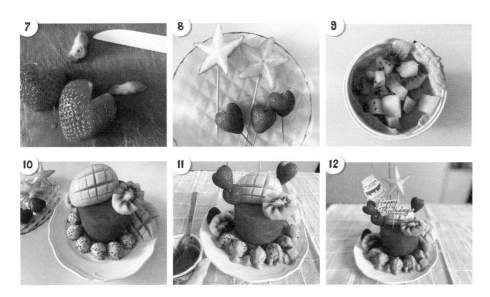

7. 草莓去蒂，以小刀在蒂頭的位置以「V」字型切割，
   將草莓切出愛心型。

8. 楊桃切塊。使用竹籤、牙籤串起楊桃、草莓以備稍後
   裝飾用。

9. 將多餘的水果切小塊，加入乳酪攪拌均勻。

10. 所有水果準備好後，就可以裝飾西瓜蛋糕了！

11. 將藍莓乳酪倒在碟邊，

12. 插上生日牌，就完成了！

> TIPS
>
> 以上擺盤裝飾方式
> 僅供參考，大家都可
> 以發揮創意自行創作。

⚠ 如果有不易固定的情況，
可以使用牙籤幫忙，
但在食用時也請小心喔！

133

棉花糖雪人

難易程度	**30** MIN	適合親子一起
	所需時間	動手做

食物材料

- 大粒棉花糖.............少量
- 細長餅乾條
  (甘大滋、pocky 餅乾棒)...少量
- M&M迷你朱古力豆.........少量
- 烘培用黑/啡色朱古力筆 +
  喜愛顏色的朱古力筆........少量
- 草莓肩帶軟糖.............少量
- 迷你oreo.................少量

輔助工具

- 牙籤　　　· 小剪刀

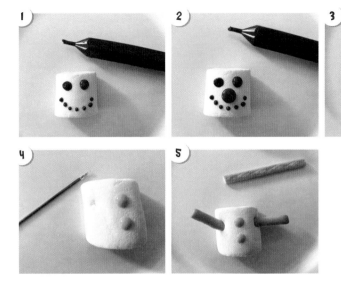

1. 用黑/啡色朱古力在棉花糖上先畫上雪人的眼睛、嘴巴。

2. 再用朱古力筆在鼻子位置擠出一些朱古力，並貼上M&M豆作為雪人鼻子。

3. 用彩色朱古力筆在另一個的棉花糖畫出雪人的鈕扣，作為雪人身體。

4. 用牙籤在作為身體的棉花糖兩邊戳出小洞，牙籤在裡旋轉並擴大小洞至適合放入餅乾的尺寸。

5. 用手將餅乾棒折成適合的長度，並插入小洞中。

烘培朱古力筆，記得預先
浸泡入熱水中至軟身
才使用得到喔！
朱古力筆在室溫下會慢慢變硬，
可以利用此特性來黏貼食材，
有必要時可以持續反覆浸泡熱水
使此融化。

6. 用朱古力筆擠出適量朱古力在雪人身體上,放上雪人頭。

7. 將草莓肩帶軟糖,裁減成適當的長度,尾端剪成燕尾的形狀。

8. 將草莓肩帶軟糖圍繞雪人脖子一圈,找出圍巾的交接位。
   在交接位處,劃出一道刀痕。

9. 草莓肩帶軟糖圍繞雪人脖子,將肩帶由刀痕處穿出。

10. 用烘培朱古力筆擠出適量朱古力在雪人頭頂,放上mini oreo
    餅乾,完成!

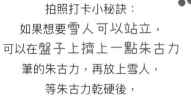

TIPS

拍照打卡小秘訣:
如果想要雪人可以站立,
可以在盤子上擠上一點朱古力
筆的朱古力,再放上雪人,
等朱古力乾硬後,
雪人就可以站穩啦!

聖誕麋鹿蛋糕捲

難易程度

20 MIN

所需時間

適合親子一起
動手做

材料

- 椒鹽脆餅(Pretzel).......4個
- 迷你瑞士捲/蛋糕捲.......1個
- 迷你M&M朱古力..........適量
- 烘培用黑/啡色朱古力筆

輔助工具

- 小刀

1. 將迷你瑞士捲切半。

2. 用朱古力筆在蛋糕捲正面的中間擠上一點朱古力，貼上迷你M&M。

3. 用朱古力筆畫上麋鹿的眼睛、嘴巴。稍待片刻，等待朱古力凝固。

4. 在兩端劃上一刀。

5. 插上椒鹽脆餅，完成！

烘培朱古力筆，記得預先
浸泡入熱水中至軟身
才使用得到喔！
朱古力筆在室溫下會慢慢變硬，
可以利用此特性來黏貼食材，
有必要時可以持續反覆浸泡熱水
使此融化。

蛋糕捲也可以用圓型小蛋糕替代，
或是市面上常見的雪芳蛋糕切半也很適合，
建議選擇顏色略深的口味（例如說朱古力、
楓糖味），看起來會比顏色淺的口味
更像麋鹿喔！

用朱古力筆繪畫前，可以先
「試畫」在廚房紙或是適合
的空白位置。

TIPS

與上篇的聖誕雪人所需材料及
過程類似，可以一起製作

萬聖節手指熱狗包

★★★
難易程度

10 MIN
所需時間

適合親子一起
動手做

食物材料

- 熱狗包..........1個
- 熱狗腸..........1條
- 茄汁............適量

輔助工具

- 切割小刀

1. 用小刀在熱狗腸上切割出一小片長方型外皮，保留外皮備用。

2. 在熱狗腸上劃出幾道劃痕。

3. 煮熟*熱狗腸 ，划痕就會明顯顯現。

4. 劃開熱狗包 (可以依個人喜好焗熱)，隨意擠入茄汁。

5. 加上熱狗腸仔，放上指甲片 (腸仔外皮) ，可以再補一些茄汁，營造茄汁
   流淌出來的感覺，完成！

*可以用水煮或煎的方式
煮熟都可以，加熱後腸仔
上的劃痕就會明顯浮現。

蘋果牙齒棉花糖

難易程度　　　所需時間　　　適合親子一起
　　　　　　　10 MIN　　　　動手做

食物材料

· 草莓果醬..........適量
· 迷你棉花糖........適量
· 蘋果.............1顆

蘋果挑選成熟紅透的
紅蘋果，做出來的嘴唇
才會夠鮮紅。

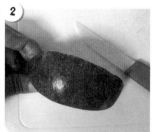
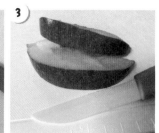

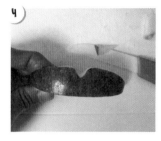

嘴唇更相似的秘訣是切塊時，
以圓弧方式切割，
由窄到中間寬，再收窄！

1. 蘋果切半去芯，切去頭尾兩端。

2. 以小刀微微劃圓弧的方式，切出蘋果塊。

3. 蘋果塊中間切半，變成兩片蘋果片。

4. 其中一塊作為上嘴唇，中間的位置切出一塊三角型。

143

 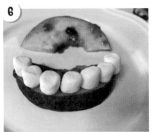 

5. 蘋果片擦上適量草莓果醬。

6. 下嘴唇蘋果依次放上迷你棉花糖。

7. 蓋上上嘴唇蘋果，完成！

HALLOWEEN
trick or treat

我的食譜

難易程度　　　所需時間　　　☐ 適合親子
　　　　　　　_____分鐘　　　一起動手做

名稱: _____

NOTES

- _____
- _____

材料

- _____
- _____
- _____
- _____
- _____
- _____

輔助工具

- _____　　- _____
- _____　　- _____
- _____　　- _____

我的食譜

難易程度　　　所需時間　　　☐ 適合親子一起動手做

_____分鐘

名稱:

NOTES

-
-

材料

-
-
-
-
-
-

輔助工具

- 　　　　・
- 　　　　・
- 　　　　・

暴龍媽媽給寶貝孩子的可愛食譜

作者	暴龍媽媽
版面設計	Regenwurm
出版	星島出版有限公司
	香港新界將軍澳工業邨駿昌街7號星島新聞集團大廈
營運總監	梁子文
出版經理	倪凱華
出版統籌	何珊楠
電話	(852) 2798 2579
電郵	publication@singtao.com
發行	泛華發行代理有限公司
電郵	gccd@singtaonewscorp.com
出版日期	2023年1月
定價	港幣一百二十八元正
國際書號	978-962-348-522-7
承印	嘉昱有限公司